哈哈哈！有趣的动物（第三辑）

池塘里的动物

〔法〕蒂埃里·德迪厄 著

大南南 译

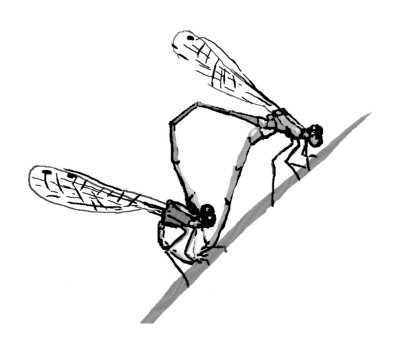

CNS 湖南教育出版社

·长沙·

看，在绿头鸭家族，最漂亮的裙子居然是穿在公鸭身上的！

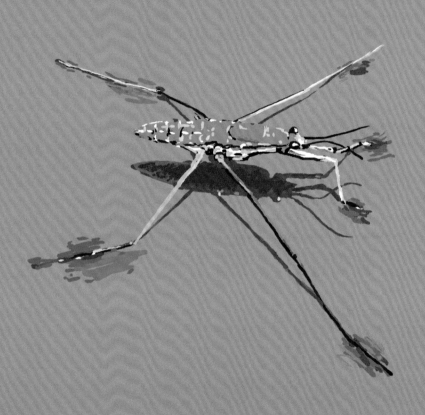

为了更好地"唱歌"，青蛙像吹气球一样把鸣囊鼓起来。糟了，飘起来了！

蜻蜓的两对翅膀让它看起来像一架小型直升机。

如何带着一岁的孩子读

《哈哈哈！
有趣的动物》

　　一岁的孩子就能读科普书？

　　没错，因为这是永田达爷爷特别为低龄小朋友准备的启蒙科普书。家长们会发现，这本书的文字量很少，画面传递的信息非常精简，但是非常有趣，特别适合爸爸妈妈跟孩子进行亲子阅读。

　　赶紧和孩子一起打开这本《池塘里的动物》，跟着永田达爷爷一起来观察吧！

　　翻开书之前，请孩子说一说在池塘里生活的小动物，然后看看是不是在这本书里。我们人类一般是女性比较爱漂亮，但是在动物界里可不见得是这么回事，比如绿头鸭家族里，最漂亮的裙子就是穿在公鸭子身上的。请孩子观察一下翠鸟，它的羽毛都有什么颜色？它可是个捕鱼高手。让孩子说一说，蝌蚪和青蛙有什么不同？和孩子一起把嘴巴鼓起来，学一学青蛙唱歌的样子。还可以和孩子玩一玩木头人的游戏，看看谁坚持得更久，告诉他，如果白鹭玩这个游戏，一定是冠军。

图书在版编目（CIP）数据

哈哈哈！有趣的动物. 第三辑. 池塘里的动物 /（法）蒂埃里·德迪厄
著；大南南译. — 长沙：湖南教育出版社，2022.11
ISBN 978-7-5539-9286-0

Ⅰ.①哈… Ⅱ.①蒂… ②大… Ⅲ.①动物－儿童读物 Ⅳ.①Q95-49

中国版本图书馆CIP数据核字（2022）第190678号

First published in France under the title:
Des bêtes qui se reflètent dans l'étang
Tatsu Nagata
© Éditions du Seuil, 2008
著作权合同登记号：18-2022-215

HAHAHA! YOUQU DE DONGWU DI-SAN JI CHITANG LI DE DONGWU
哈哈哈！有趣的动物 第三辑　池塘里的动物

责任编辑：姚晶晶　陈慧娜　李静茹
责任校对：王怀玉
封面设计：熊　婷
出版发行：湖南教育出版社（长沙市韶山北路443号）
电子邮箱：hnjycbs@sina.com
客服电话：0731-85486979
经　　销：湖南省新华书店
印　　刷：长沙新湘诚印刷有限公司
开　　本：787 mm×1092 mm　1/16
印　　张：1.75
字　　数：10千字
版　　次：2022年11月第1版
印　　次：2022年11月第1次印刷
书　　号：ISBN 978-7-5539-9286-0
定　　价：95.00 元（共5册）

本书若有印刷、装订错误，可向承印厂调换。